I0043366

A
Christian Schouame
Mourad Arabi

Slug tests

Abdelkader Keddar
Christian Schouame
Mourad Arabi

Slug tests

pour determination des caractéristiques hydrogéologique d'un aquifére

Presses Académiques Francophones

Impressum / Mentions légales

Bibliografische Information der Deutschen Nationalbibliothek: Die Deutsche Nationalbibliothek verzeichnet diese Publikation in der Deutschen Nationalbibliografie; detaillierte bibliografische Daten sind im Internet über http://dnb.d-nb.de abrufbar.

Alle in diesem Buch genannten Marken und Produktnamen unterliegen warenzeichen-, marken- oder patentrechtlichem Schutz bzw. sind Warenzeichen oder eingetragene Warenzeichen der jeweiligen Inhaber. Die Wiedergabe von Marken, Produktnamen, Gebrauchsnamen, Handelsnamen, Warenbezeichnungen u.s.w. in diesem Werk berechtigt auch ohne besondere Kennzeichnung nicht zu der Annahme, dass solche Namen im Sinne der Warenzeichen- und Markenschutzgesetzgebung als frei zu betrachten wären und daher von jedermann benutzt werden dürften.

Information bibliographique publiée par la Deutsche Nationalbibliothek: La Deutsche Nationalbibliothek inscrit cette publication à la Deutsche Nationalbibliografie; des données bibliographiques détaillées sont disponibles sur internet à l'adresse http://dnb.d-nb.de.

Toutes marques et noms de produits mentionnés dans ce livre demeurent sous la protection des marques, des marques déposées et des brevets, et sont des marques ou des marques déposées de leurs détenteurs respectifs. L'utilisation des marques, noms de produits, noms communs, noms commerciaux, descriptions de produits, etc, même sans qu'ils soient mentionnés de façon particulière dans ce livre ne signifie en aucune façon que ces noms peuvent être utilisés sans restriction à l'égard de la législation pour la protection des marques et des marques déposées et pourraient donc être utilisés par quiconque.

Coverbild / Photo de couverture: www.ingimage.com

Verlag / Editeur:
Presses Académiques Francophones
ist ein Imprint der / est une marque déposée de
AV Akademikerverlag GmbH & Co. KG
Heinrich-Böcking-Str. 6-8, 66121 Saarbrücken, Deutschland / Allemagne
Email: info@presses-academiques.com

Herstellung: siehe letzte Seite /
Impression: voir la dernière page
ISBN: 978-3-8381-7540-9

Copyright / Droit d'auteur © 2012 AV Akademikerverlag GmbH & Co. KG
Alle Rechte vorbehalten. / Tous droits réservés. Saarbrücken 2012

Résumé

La croissance mondiale actuellement s'accompagne par une utilisation plus accrue de toutes les ressources disponibles pour l'Homme. L'eau est l'une de ses ressources majeures, l'eau souterraine qui est encore de part sa localisation de meilleure qualité que l'eau de surface fait l'objet de toutes les attentions .Son exploitation pour les besoins humains pose un certain nombre de problèmes, tant pour sa qualité que pour sa disponibilité.

Pour mieux gérer cette ressource il est primordial de connaitre les réserves disponibles et de les protéger contre tous les risques de pollution qui peuvent altérer sa qualité. La connaissance des paramètres hydrogéologiques passent par la réalisation de différents essais permettant une meilleure compréhension du milieu dans lequel cette eau s'accumule.

La plaine de l'Areuse nous a offert un site pour la réalisation d'un essai de pompage longue durée à travers sa station de captage de Colombier, les différents piézomètres installés pour le contrôle de la qualité ont été le lieu des slug-test tout ceci dans le but de déterminer les paramètres hydrogéologiques de la nappe de cette plaine.

Les données de terrain récoltées ont été interprétées avec différents outils et ont permis d'obtenir partiellement les paramètres recherchés à savoir la transmissivité et la conductivité. L'emmagasinement de la nappe n'a pas pu être déterminée correctement du fait des aléas techniques, car nos deux piézomètres d'observation ne traversent pas l'aquifère dans sa totalité, et de ce fait il aurait fallu traiter les données issues de ces piézomètres par d'autres outils qui prennent en compte ce genre de cas.

L'essai de traçage réalisé simultanément pendant le déroulement de l'essai de pompage nous a révélé l'existence d'une bonne protection aux abords immédiats du puits de Colombier, car il a fallu un peu plus de trois jours pour détecter la présence d'un traceur injecté à 6 mètres seulement du puits pendant son fonctionnement. Le pic de ce traceur a été atteint 17 jours après, mais ce résultat nous renforce également dans notre hypothèse ou, localement il devrait exister une couche de terrain qui protège l'aquifère tel que observé dans le log lithologique du puits entre 9,30 et 12 mètres de profondeur. Cette couche n'ayant pas été atteinte par les piézomètres malheureusement nous fais croire que cette vitesse aux abords du puits est peut être sous estimée, les piézomètres n'ayant qu'une profondeur de 8,35 mètres, le traceur a pu passer en empruntant les connections qui ont freinée son avancée.

Une suite de l'étude est nécessaire pour déterminer le coefficient d'emmagasinement afin d'estimer les réserves de cet aquifère. Pour cela il est judicieux de disposer d'un débit plus grand et si possible d'augmenter la profondeur des piézomètres jusqu'au moins à 15 mètres

Table des matières

1. INTRODUCTION

La plaine de l'Areuse s'étend entre les communes de Colombier et de Boudry, sur une superficie d'environ 4 km². Elle renferme un aquifère poreux important qui contribue à l'alimentation en eau potable de ces deux communes. Ce site dispose de plusieurs installations à savoir, deux captages, plusieurs puits privés et des piézomètres installés à différents endroits.

Diverses études ont été menées sur ce site, et actuellement cet aquifère fait l'objet d'un suivi par le Centre d'Hydrogéologie de Neuchâtel. Dans le cadre de ce travail trois essais de pompage longue durée ont été réalisés dans l'ancien puits de Colombier (puits 13), un essai de traçage a également été effectué autour de cet ouvrage. Dans les piézomètres qui bordent la piste de l'aérodrome et le puits Robinson des essais d'injection ont été réalisés.

Ce travail a un double objectif :

> ➢ Déterminer les paramètres hydrodynamiques de cet aquifère ;
> ➢ Calculer les vitesses moyennes d'écoulement de l'eau souterraine à proximité du captage, par injection des traceurs dans deux piézomètres réalisés à proximité.

1.1. CADRE DE TRAVAIL

L'ensemble de nos travaux s'est déroulé au nord de la plaine de l'Areuse où est implanté l'ancien captage de Colombier (Figure 1). Ce captage est le site de notre essai de pompage et de l'essai de traçage. Les piézomètres situés au bord de la piste d'atterrissage de l'aérodrome de Colombier ainsi que le puits Robinson ont quant à eux servi aux essais par injection (slug tests).

La plaine de l'Areuse est occupée par une nappe phréatique à faible pente qui est alimentée par les versants de Vaudijon et du bas de Sachet, situés au Sud de Colombier (Steeb, 1988). Les terrains rencontrés dans ce delta sont des calcaires et des marnes appartenant au jurassique moyen et supérieur, au crétacé inférieur et moyen, ainsi qu'au tertiaire. Des placages morainiques et des dépôts alluviaux constituent par endroit la couverture quaternaire.

A cause de l'hétérogénéité des terrains rencontrés l'épaisseur de l'aquifère n'est pas connue avec exactitude mais elle est supposée augmenter du Nord vers le sud de la plaine dans le sens de la pente en direction des rives du lac de Neuchâtel (Müller et Christe, 1990). Cette épaisseur varie entre 20 et 30 m dans la partie orientale du delta, elle atteint 20 à 40 m sur les rives du lac et n'est que de 10 m dans le nord du delta .Toute la nappe se décharge dans le lac qui forme le niveau de base général (Mdaghri, 1990).

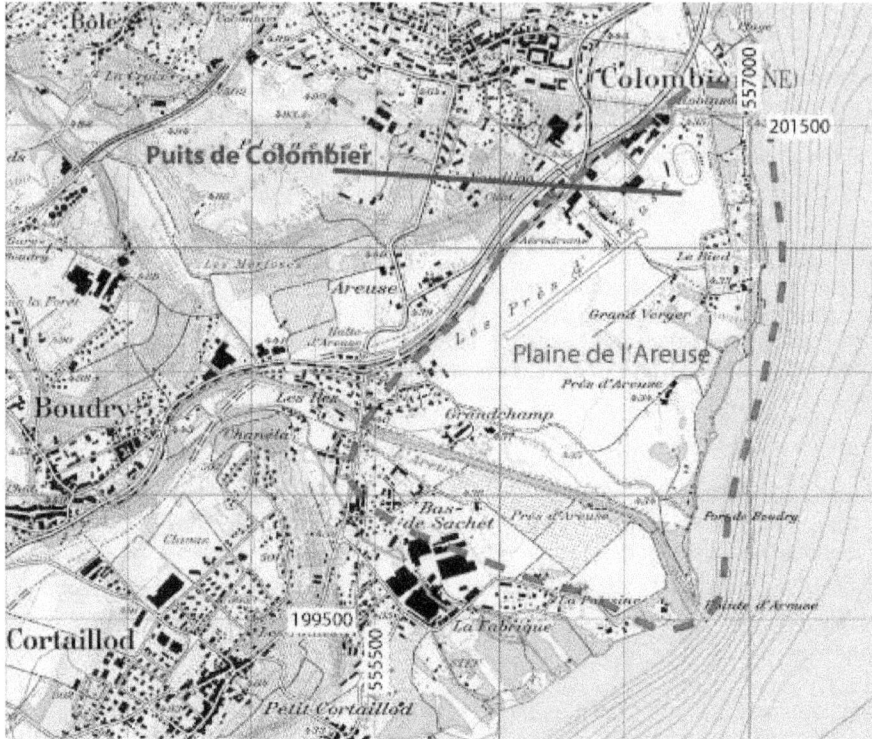

Figure 1: Situation du site de l'étude.

1.2. SITUATION GÉOGRAPHIQUE

La plaine de l'Areuse (Figure 1) est un delta qui prend naissance à l'est de Boudry et s'évase en direction du lac de Neuchâtel. Cette plaine est limitée au Nord et à l'Ouest par l'autoroute A5, au Sud par la zone industrielle de Cortaillod et à l'Est par le lac de Neuchâtel. Elle est traversée par le cours d'eau Areuse. Administrativement cette plaine appartient à la commune de Colombier et au canton de Neuchâtel. Elle est délimitée au S-O par les coordonnées 555500/199500 et au N-E par les coordonnées 557000/201500 (système CH 1903).

1.3. GÉOLOGIE ET HYDROGÉOLOGIE

Notre site d'étude fait partie du delta de l'Areuse dont la géologie a déjà été décrite par plusieurs auteurs. D'après ces derniers, le matériel deltaïque ici est constitué d'alluvions de nature variée, qui reposent sur une molasse tertiaire imperméable, très épaisse environ 100 mètres, formée de grès à ciment calcaro-argileux et de marnes argileuses (Figure 2). Ces dépôts sont caractérisés par une forte hétérogénéité des terrains. Le quaternaire est représenté par des dépôts fluvio-glaciaires limoneux et graveleux qui couvrent la molasse, ainsi que par des dépôts alluvionnaires lacustres, et

4

des éboulis de pente se développant sur des versants au Sud de la plaine (Burger, 1959, Kettiger 1982, Müller & Christe, 1990).

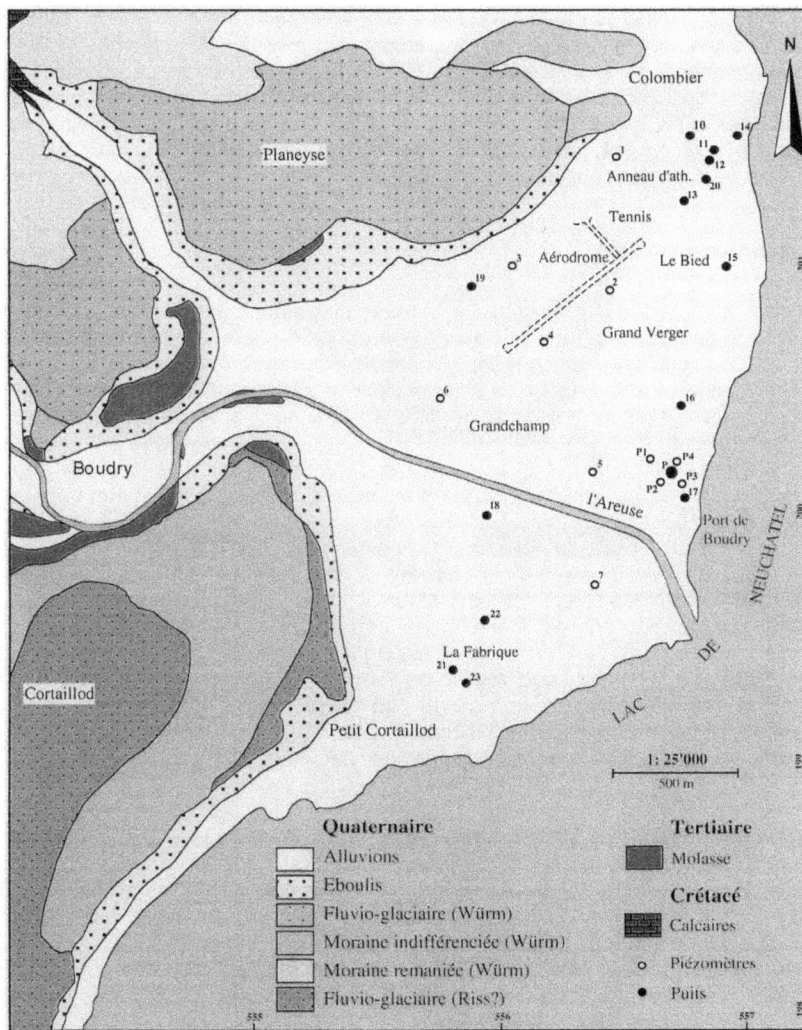

Figure 2: Carte géologique de la plaine de l'Areuse.

L'aquifère de la plaine de l'Areuse est alimenté en gros par les versants de Vaudijon, et du Bas situés au Sud de Colombier, mais également par les précipitations. Sur le plan hydrographique, la plaine est traversée au sud par le cours d'eau Areuse qui se déverse dans le lac. Ce cours d'eau présente deux maximums : un entre mars et avril au moment

5

de la fonte de la neige, et l'autre au mois de novembre pendant la saison pluvieuse .Cette rivière et le Lac de Neuchâtel participent également à l'alimentation de la nappe.

La nappe phréatique du delta d'Areuse s'écoule globalement en direction du lac de Neuchâtel qui constitue son niveau de base avec une pente de 1‰ (Steeb, 1988). Cette direction d'écoulement est due en grande partie à la disposition des couches inclinées des matériaux constitutifs de la plaine (Burger, 1959). La plaine dispose de deux captages, à savoir le puits de Colombier (site de notre étude), et le puits intercommunal. Il existe également des puits privés, plusieurs piézomètres repartis à travers la plaine, installés soit, pour surveiller les travaux de construction de l'autoroute A5, ou alors pour contrôler la qualité de l'eau de cet aquifère.

1.4. ETUDES ANTÉRIEURES

L'étude hydrogéologique de la plaine de l'Areuse commence avec les travaux de Burger (1959) dans le cadre de sa thèse, il considère la nappe de cette plaine comme un aquifère considérable qui nécessite un contrôle périodique, car il avait trouvé un degré de pollution très avancé des eaux de la plaine dû à l'agriculture pratiquée sur cette plaine. Ces études vont se poursuivre avec la réalisation de différents travaux par le Centre d'Hydrogéologie de Neuchâtel. Ainsi Kettiger (1982) effectue un essai de pompage de 72 heures dans le puits de Colombier. Il conclut d'après la courbe caractéristique du puits que la nappe est en charge, et que le rayon d'action du puits au NE est inférieur à 250 mètres et supérieur à 300 mètres au SE.

Steeb, (1988) en vue de déterminer les zones de protection du puits de Colombier procède à un essai de traçage multiple à trois endroits différents avec un pompage de 1200 l/min pendant 24 heures. Cette étude permet de conclure que les vitesses des écoulements souterrains sont très élevées avec par exemple pour l'uranine une vitesse de 0.7 m/h et pour le naphtionate une vitesse de 1.4 m/h. Il faut préciser que ces traceurs ont été injecté à des distances respectives de 130 et 38 mètres, et la sulphorhodamine G injectée à 35 mètres au SE du puits n'a pas été détectée. Ceci a permis de conclure à une très grande hétérogénéité de la structure de l'aquifère dans cette région du delta (Annexe1).

Sur le plan géophysique, plusieurs études ont été effectuées sur la plaine de l'Areuse Axelrod (1978), dans le cadre d'une étude géophysique de la région des lacs de Neuchâtel, Bienne et Morat observe une augmentation des résistivités en direction du lac avec des formations sablo-limoneuses qui se changent en formations graveleuses. De même il observe des valeurs de 200 Ω.m pour des graviers saturés sur les rives du lac et des valeurs de résistivités apparentes plus faibles pour la région de l'aérodrome indiquant la présence d'argiles lacustres. Pour cette étude Axelrod (1978) a utilisé la méthode gravimétrique et des sondages électriques.

Kettiger en 1982 en vue de vérifier la vulnérabilité de la nappe de la plaine, et situer les zones favorables à l'exploitation de l'eau va réaliser une étude géophysique (VLF-R).

En 1990, Müller et Christe font une prospection géophysique électromagnétique (RMT) de la plaine de l'Areuse, afin de déterminer deux sites favorables à l'implantation des forages de reconnaissance et 6 piézomètres pour une nouvelle station de pompage. Cette étude a permis de schématiser les terrains étudiés en les individualisant en fonction de leur résistivité. Pour ces derniers, la plaine de l'Areuse présente :

Un soubassement argilo-limoneux d'épaisseur variable, à partir de 10 m de profondeur avec une perméabilité variant entre 10^{-6} et 10^{-7} m/s.
Un terrain sablo-graveleux d'épaisseur variable et de perméabilité évaluée entre 10^{-5} et 10^{-2} m/s, se présentant soit sous forme de placage sablo-limoneux à sablo-graveleux, soit sous forme de poches relativement profondes.

Mdaghri (1993) réalise une campagne de mesures RMT et synthétise les données de campagnes précédentes afin d'établir des périmètres de protection dans le delta d'Areuse. Ce travail conclut à l'hétérogénéité de l'aquifère et son épaisseur très variable, généralement de 20 à 30 m dans la partie orientale du delta, et environ 10m dans la partie occidentale et méridionale .Les graviers sont très localisés et leur épaisseur est en général faible .La couverture de l'aquifère est constituée de terre végétale et de sable limoneux. Son épaisseur est faible, en moyenne 2m, et n'est pas localisée sur toute l'étendue du delta. Le substratum est constitué le plus souvent d'argile ou d'argile limoneuse (Mdaghri, 1993).

Mbiakop et Randriamananjara (1997) réalisent des cartes de résistivité apparente après une série de mesures RMT le long de la rivière Areuse, et tout autour de l'aérodrome .Ces cartes font apparaître des zones de fortes résistivités de plus de $200\,\Omega$ m le long de la piste d'atterrissage et en bordure du lac de Neuchâtel, ceci dénote la présence de graviers et sables aquifères. Ils arrivent ainsi à déterminer une zone à fortes résistivités et épaisseur très forte au NW du port de Boudry qui sera le lieu d'implantation du nouveau captage intercommunal.

En 2001, Denchik réalise des profils tomographiques électriques et une étude hydrochimique, dans le but de mieux comprendre la structure de l'aquifère, et de comparer les résultats de cette nouvelle méthode avec les autres données obtenues lors des campagnes géophysiques antérieures (voir annexe 2). Ses résultats confirment la structure hétérogène de l'aquifère, la variabilité de son épaisseur, et la vulnérabilité de cette aquifère en raison des activités agricoles pratiquées sur cette plaine. Ngaide (2007) va dans ce sens après une série de profils géophysiques RMT et tomographiques, il conclut à la diversité dans la lithologie de l'aquifère se traduisant par des valeurs de résistivité très variées, une épaisseur de l'aquifère variable dans la partie Sud de la plaine. Dans cette partie la couverture de l'aquifère est constituée de terre végétale et de sable limoneux ayant une épaisseur comprise entre 1à 2m.

Sur le plan hydrochimique, plusieurs contrôles des paramètres physico-chimiques ont été effectués continuellement afin de suivre l'évolution de la qualité de l'eau de la plaine et on observe une évolution de la qualité de l'eau mais avec au Nord de la plaine une teneur élevée en sulfates et en calcium Traoré (2007) .Ceci a également été constaté par Denchik en 2001 avec une conductivité élevée dans cette partie. Ces fortes valeurs peuvent s'expliquer par la forte hétérogénéité de l'aquifère qui entraîne un écoulement très lent dans la zone (Traoré, 2007).

2. TRAVAUX EFFECTUES

Sur le terrain plusieurs travaux ont été effectués et peuvent être divisés en quatre parties à savoir :

> ➤ L'identification de toutes les installations disponibles sur la plaine, le suivi du forage et le nivellement des piézomètres d'observation ;
> ➤ Des essais par chocs hydrauliques dans les piézomètres p2 et p4 bordant la piste d'aérodrome ainsi que dans le puits Robinson (Puits14) ;
> ➤ Un essai de pompage longue durée dans le puits de Colombier (puits Communal) ;
> ➤ Un essai de traçage autour du puits de Colombier.

2.1. SUIVI DES PIÉZOMÈTRES

Deux piézomètres d'observation PA et PB ont été réalisés par l'entreprise ABA GEOL le 27 octobre 2007 respectivement à 4 et 6 mètres du captage de Colombier, dans le but de suivre l'essai de pompage (Photo 1Photo 1: Forage des piézomètres PA et PB.).

Photo 1: Forage des piézomètres PA et PB.

Ces distances ont été arrêtées en fonction du débit qu'on allait utiliser lors de l'essai de pompage, à savoir entre 600 à 1200 l/min. Avec ce débit on estime que le cône de rabattement n'allait pas être étendu au-delà de cette distance. De plus ces piézomètres d'observation sont disposés perpendiculairement au puits afin d'observer l'anisotropie de l'aquifère, la géologie de cette plaine étant passablement hétérogène.

Ces piézomètres ont été exécutés à sec, par rotation. Ils ont un diamètre de 2 " et une profondeur de 8,5 mètres, avec 5 mètres de tube plein métallique et 3,5 mètres de tube crépiné métallique.

Les terrains rencontrés sont des formations alluvionnaires composées principalement de sables, graviers et limons. Les carottes obtenues lors du forage nous donnent une idée sur les lithologies rencontrées. Le Tableau 1 les résume. La nappe est atteinte aux alentours de 5.6 mètres de profondeur.

Lithologies rencontrées	Profondeur (m)	Formations
Limons sableux Peu graveleux	0.00 à 0.10	Terre végétale
Sable graveleux	0.10 à 0.20	Dépôts fluvio -glaciaires
Sable limoneux	0.20 à 0.50	
Graviers bien compactés	0.50 à 6.00	
Graviers sableux et Sables graveleux	6.00 à 8.50	

Tableau 1: Log stratigraphique relevé lors du forage des piézomètres d'observation PA et PB.

2.1.1. NIVELLEMENT DES PIÉZOMÈTRES

Méthodologie

Dans le but de connaître l'altitude du sommet des piézomètres d'observation, des mesures altitudinales doivent être réalisées avec un théodolite. C'est un appareil muni d'une lunette qui, placé dans un plan Horizontal permet de définir une hauteur arbitraire par rapport à un point de référence connu .Le point de référence est le point de départ, en l'occurrence le point côté près de la porte du captage, qui donne l'altitude de cette station de pompage à 434.24 mètres. Par la suite nous positionnons le théodolite au centre du dispositif constitué par le point de référence et le point d'altitude inconnue. Nous réalisons alors deux lectures avant et arrière sur une règle graduée placée sur le point côté, ensuite sur le piézomètre. La différence d'altitude de ces deux mesures nous permet d'obtenir l'altitude du point recherché, avec une précision du millimètre à travers les relations suivantes :

$$\Delta h = h1 - h2$$

$$Alt_{\text{point recherché}} = Alt_{\text{point connu}} + \Delta h$$

De plus pour quantifier l'incertitude sur la manipulation, les mesures sont faites en boucle fermée. Le protocole du nivellement est illustré par le schéma suivant.

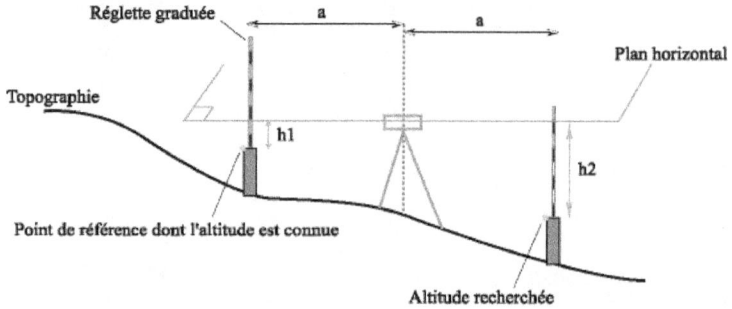

Figure 3: Schéma illustrant la mesure de l'altitude d'un point par la méthode de nivellement.

Résultats

Les altitudes des sommets des piézomètres d'observation PA et PB réalisés près de l'ancien captage de Colombier sont données par le tableau suivant :

Station	Point	Lecture		Dénivelée		Altitude
		AV	AR	(-)	(+)	
1	Base (porte du captage)	1.518				434.24
	P A		0.948		0.570	434.81
	P B		0.694		0.824	435.064
2	P A	0.584				435.064
	P B		0.838	0.254		434.81
	Repère		1.407	0.823		434.241

Tableau 2: Résultat du nivellement des piézomètres PA et PB.

2.2. SLUG-TEST

Le slug-test ou essai par chocs hydrauliques consiste à observer le retour de la nappe à son état d'équilibre après avoir perturbé ou fait varier le niveau d'eau dans un puits par injection ou prélèvement instantané d'un volume connu qui peut être de l'eau ou un tube lesté.
Ces perturbations ponctuelles permettent d'enregistrer le retour à l'état d'équilibre de la nappe, et l'interprétation de ces courbes d'évolution du rabattement en fonction du temps permet d'évaluer la transmissivité locale du milieu. Toutefois le rayon d'investigation de

cette méthode est faible, si bien que la transmissivité obtenue correspond en réalité à celle de la zone crepinée du puits.

Cette méthode répétée dans plusieurs piézomètres disposés dans la plaine permettra de mettre en évidence l'hétérogénéité de la transmissivité de l'aquifère de la Plaine de l'Areuse.

2.2.1. TRAVAUX EFFECTUÉS ET DISPOSITIF

Les slug-tests ont été réalisés dans les deux piézomètres (p4 et p2) qui bordent la piste de l'aéroport de Colombier et dans le puits Robinson (Puits 14) localisés sur la figure suivante.

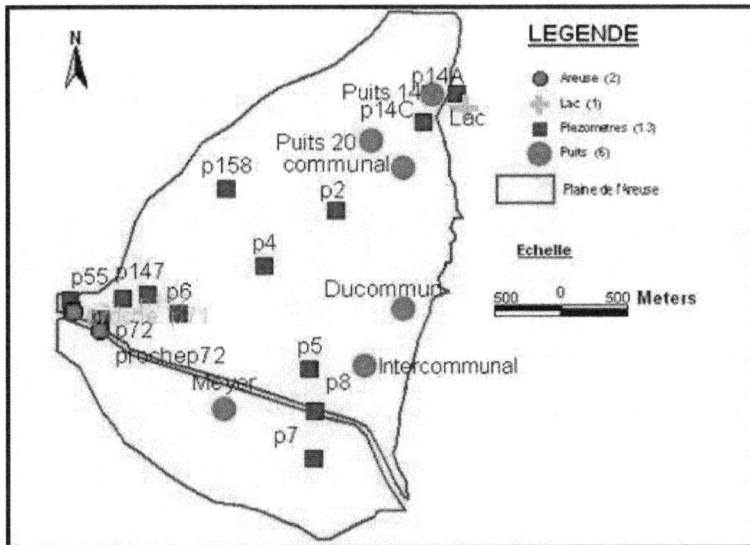

Figure 4: Localisation des points où ont été effectués des slug-tests.

2.2.2. MATERIELS UTILISES

Pour ces essais deux slugs adaptés aux piézomètres investigués ont été utilisés à savoir un d'une longueur de 2,06 m et d'un diamètre de 6,5 cm pour le puits 14, car ce puits à un diamètre de 28 cm, et un slug d'une longueur de 1,5 m avec un diamètre de 4 cm pour les piézomètres 2 et 4 qui ont un diamètre de 10 cm (Photo 1).

La sonde de pression est programmée avec un pas de mesure de 2 secondes et est installée de manière à ce qu'elle ne puisse pas avoir plus de 2.5m d'eau au dessus d'elle, afin de pas la saturer ou l'endommager. Théoriquement l'introduction du slug dans le piézomètre fait varier le niveau d'eau dans ce dernier d'une hauteur donnée, et le volume correspondant à cette variation est donné par la formule suivante :

$$V = \pi r^2 * h$$

Pour le puits 14 le rayon interne est de 14 cm ce qui donne environ un volume de 6835 cm^3 d'eau à déplacer. Pour les piézomètres 2 et 4   le volume d'eau à déplacer est d'environ 1885 cm^3.

En reportant le rabattement en fonction du temps, on obtient une courbe de descente puis une courbe de remontée du niveau d'eau pour chaque essai effectué.

Photo 2: Slug et sonde de pressions utilisées pour les slug-tests.

2.2.3. INTERPRÉTATION SELON COOPER ET AL (1967)

Cette méthode, valable pour un piézomètre ou un puits pénétrant un aquifère à nappe captive permet d'obtenir les valeurs de transmissivité T et d'emmagasinement S. Cette méthode d'interprétation tient compte de la compressibilité du milieu et de celle de l'eau. Elle est basée sur les hypothèses de Theis (1935), c'est-à-dire pour un milieu considéré comme homogène isotrope et infini. Le puits doit être foré jusqu'au substratum impérméable, sa partie située au dessus de la nappe tubée en plein (de rayon r_c) et la partie située dans l'aquifère est crepinée (de rayon r_w).

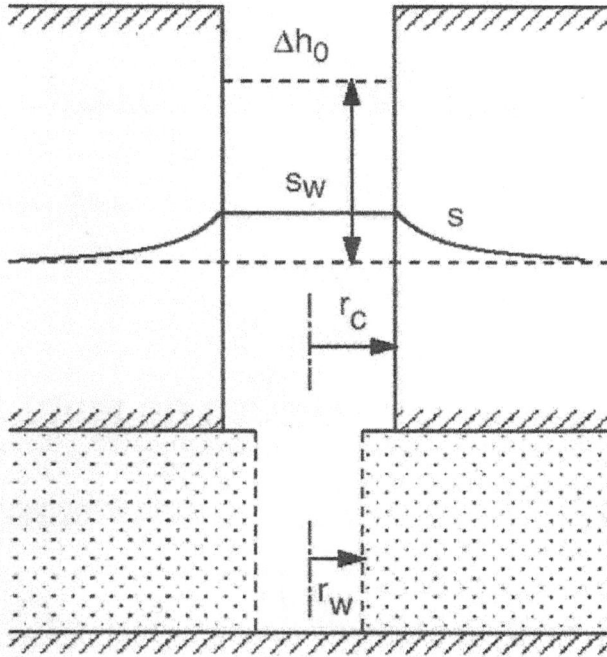

Figure 5: Géométrie du puits selon Cooper et al (1967).

L'introduction ou le retrait d'un volume d'eau ou d'un tube dans le puits provoque une variation de la charge hydraulique dans le puits. Le rapport des pressions normalisées entre la charge hydraulique h aux temps t et la charge initiale h_0 provoquée par le choc impulsionnel en fonction du logarithme du temps est donnée par la relation :

$$\frac{h_t}{h_0} = F(\alpha, \beta)$$

où

h_t = Charge à l'instant t

h_0 = Charge initiale $t_0 = 0$

Les paramètres sans dimensions α et β sont donnés par les expressions suivantes :

13

$$\alpha = \frac{r_w^2}{r_c^2} S$$

$$\beta \equiv -\frac{KDt}{r_c^2}$$

où

r_c = Rayon de la partie pleine du piézomètre

r_w = Rayon de la partie crepinée du piézomètre

La solution de Cooper et al est la suivante :

$$f(\alpha,\beta) = \frac{8\alpha}{\pi^2} \int_0^\infty \frac{\exp^{\left(-\beta u^2/\alpha\right)}}{u\Delta(u,\alpha)} du$$

avec $\Delta(u,\alpha) = \left[uJ_0(u) - 2\alpha J_1(u)\right]^2 + \left[uY_0(u) - 2\alpha Y_1(u)\right]^2$

et J_0, J_1, Y_0, Y_1 sont les expressions du degré zéro et un de la fonction de Bessel.

Les données de l'essai sont présentées sur un graphique semi-logarithmique de $\frac{h_t}{h_0}$. Le graphe obtenu est superposé à des courbes maîtresses développées par Cooper et al (1967), Papadopoulos et al (1973) et Bredehoeft et Papadopoulos (1980). Ces auteurs ont fourni pour des valeurs de $\alpha = 10^{-1} \text{ à } 10^{-10}$ les courbes théoriques de $F(\alpha,\beta) = \frac{h_t}{h_0}$ suivantes :

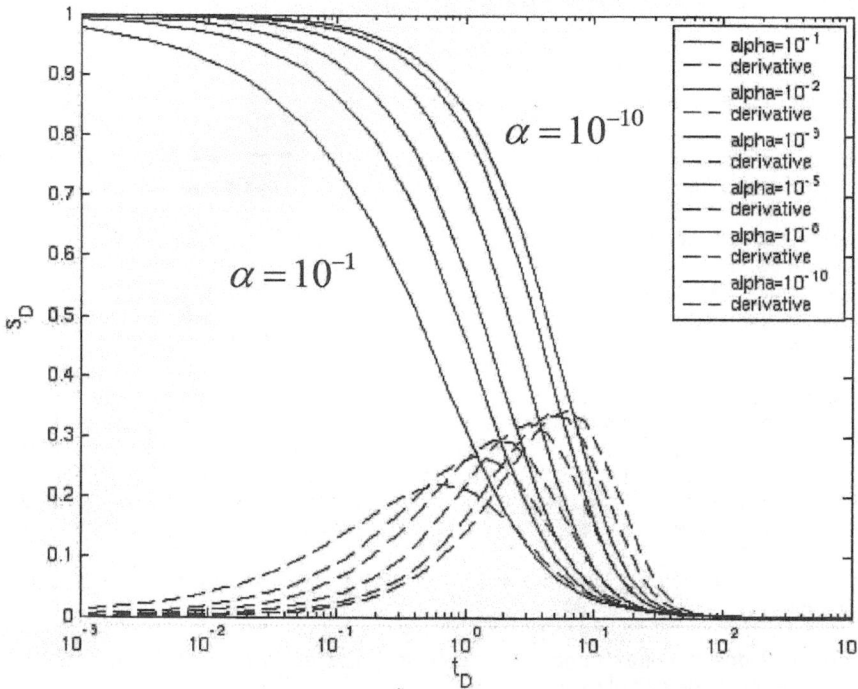

Figure 6: Abaque de Papadopoulos-Bredehoeft (1980).

Ainsi la superposition du graphe expérimental aux courbes maîtresses ci-dessus tout en gardant les axes parallèles permet de définir la valeur de α. Dès lors le coefficient d'emmagasinement S se calcule par l'équation

$$\alpha = \frac{r_w^2}{r_c^2} S$$

Par la suite il suffit de considérer un temps quelconque dans la zone de bonne superposition, cette valeur sur le graphe théorique donne une valeur de β. Les valeurs correspondantes de t et β donnent la transmissivité T par l'équation :

$$\beta = 4Tt / d^2 = 4Kbt / d^2$$

Avec

    T= transmissivité
    t = temps écoulé depuis le début de l'essai
    d= diamètre du piézomètre
    K = conductivité hydraulique
    b = épaisseur de l'aquifère

Cependant cette méthode rencontre un problème majeur à savoir la difficulté à obtenir un bon ajustement car les courbes théoriques sont assez semblables, c'est pourquoi il est plus aisé d'utiliser des logiciels d'interprétation comme Matlab avec sa boîte à outils Hytool.

2.2.4. PROCÉDURE D'INTERPRÉTATION PAR MATLAB[TM]

La boîte à outils Hytool tournant sur Matlab pour l'interprétation des essais hydrauliques a été développée dès 1998 par Philippe Renard (2005) à l'Institut Fédéral Suisse de Technologie (ETHZ), puis à l'Université de Neuchâtel. C'est une boîte vivante et libre d'accès qui possède plusieurs fonctions permettant l'interprétation des essais hydrauliques. Elle est basée sur des solutions proposées par Theis, Jacob, Cooper, Papadopoulos, Argawal, etc. Hytool simplifie grandement l'utilisation de ces solutions et permet de faire des graphiques, de gérer des données et de programmer des parties répétitives.

Dans la pratique les données nécessaires à l'interprétation doivent être traitées au préalable pour être présentées sous forme de deux vecteur (le temps t en secondes et p la variation de la charge mesurée en mètres). Ces données sont chargées dans Matlab et ensuite importées dans Hytool sous forme de fichier texte, dès lors grâce aux commandes de Hytool et Matlab il est possible de faire différents tests et de raffiner les résultats afin d'avoir une meilleure courbe qui se cale au modèle et donne les paramètres recherchés.

Les touches utilisées pour l'interprétation dans Matlab sont les suivantes pour chaque test exploitable :

Chargement des données dans l'espace de travail avec la fonction Xlsread qui permet d'avoir une feuille de calcul dans une matrice

Identification des paramètres

th= data (:,1) ; vecteur temps
P1= data (:,2) ; vecteur pressions

Construction d'un graphe à partir de ces données brutes (ceci peut se faire avec Excel)

Plot (th, P1)

Ensuite, on sélectionne uniquement la zone correspondant à l'essai pour calculer le rabattement sans dimension.

h_t =pression quelconque
h_i =pression initiale stabilisée avant l'essai
h_0 =pression imposée par le slug

Le rabattement se calcule ainsi

$$s = (h_t - h_i)/(h_0 - h_i)$$

Après vérification par un graphe, l'interprétation proprement dite peut commencer avec le modèle de Cooper avec les fonctions suivantes :

$$P = csl\_gss\ (t, s);$$

$$P = csl\_fit\ (p, t, s);$$
$$Csl\_test\ (p, t, s, [r_w, r_c]);$$

2.2.5. RESULTATS ET INTERPRETATIONS

Dans chaque piézomètre une série d'essais est réalisée, et les données brutes donnent des cycles de slug-test qui sont par la suite analysés afin d'obtenir les paramètres recherchés (Figure 7).

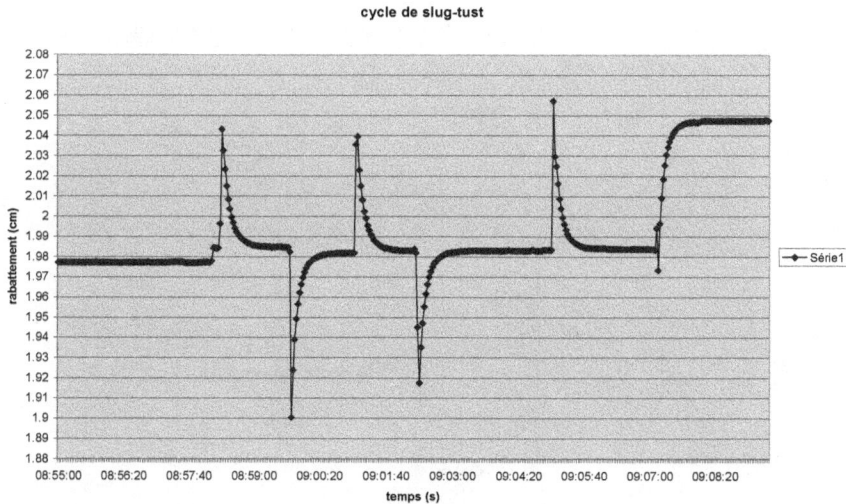

Figure 7:Cycle d'une série de slug-test

L'analyse des données des essais dans les piézomètres 2, 4, dans le puits Robinson présente les ajustements graphiques suivant :

17

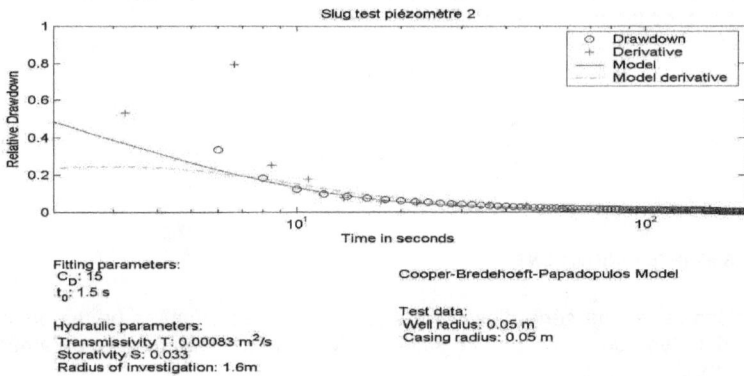

Figure 8:Représentation graphique et résultats de la solution de Cooper –Papadopoulos du slug-test pour le piézomètre 2.

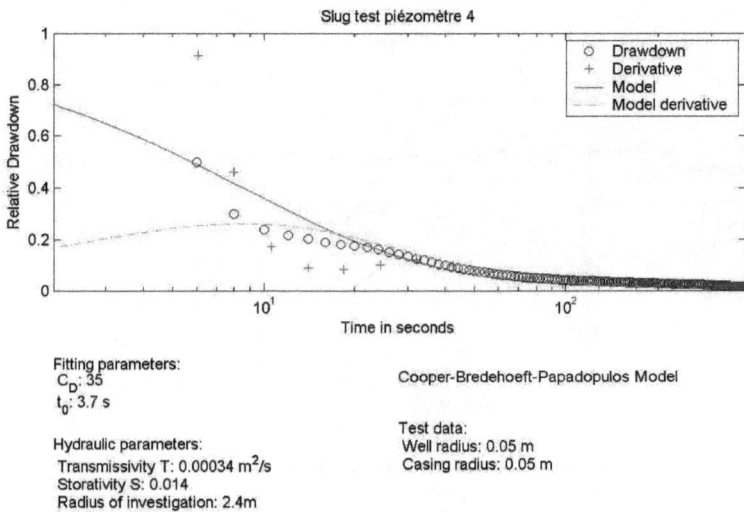

Figure 9:Représentation graphique et résultats de la solution de Cooper –Papadopoulos du slug-test pour le piézomètre 4.

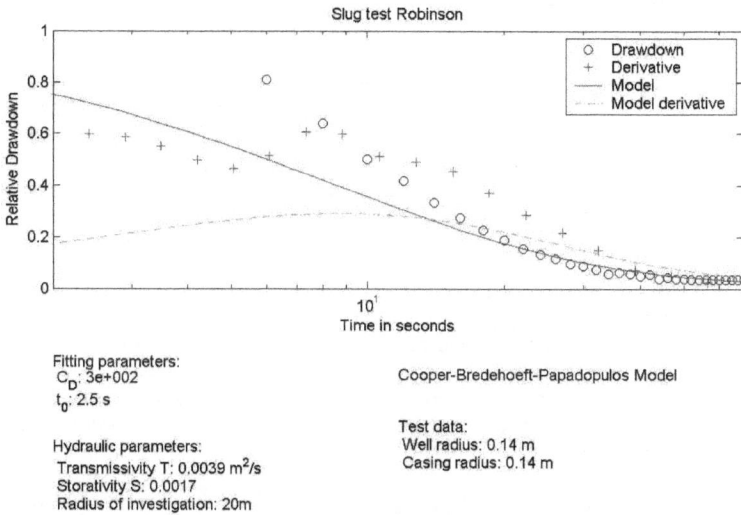

Figure 10:Représentation graphique et résultats de la solution de Cooper-Papadopoulos du slug-test pour le puits 14.

Tous les graphiques (Figure 8, Figure 9, Figure 10) ne présentent pas un ajustement appréciable aux temps courts avec le model, mais aux temps longs les courbes s'ajustent parfaitement. Les résultats trouvés nous permettent d'estimer les paramètres hydrauliques suivant.

La transmissivité, qui régit le débit de l'eau qui s'écoule par unité de largeur d'un aquifère sous l'effet d'une unité de gradient. Elle évalue la fonction de conduite de l'aquifère, et est le produit du coefficient de perméabilité de l'aquifère et de l'épaisseur de ce dernier, elle s'exprime en m^2/s (Castany, 1982).

La perméabilité, qui est l'aptitude d'un aquifère à se laisser traverser par l'eau sous l'effet d'un gradient hydraulique, le coefficient de perméabilité s'exprime en m/s.

Le coefficient d'emmagasinement, qui est le rapport du volume d'eau libéré ou emmagasiné par unité de surface de l'aquifère pour une unité de variation de la charge hydraulique normale à cette surface (Castany, 1982). Le Tableau 3 nous résume les résultats obtenus de ces différents essais effectués.

19

Ouvrages	Transmissivité (m^2/s)	emmagasinement	Rayon d'investigation (m)	Epaisseur Crépinée (m)	Perméabilité (m/s)
P2	8.3*10^{-4}	3.3*10^{-2}	1.6	4	2.07*10^{-4}
P4	3.4*10^{-4}	1.4*10^{-2}	2.4	3	1.13*10^{-4}
Puits Robinson	3.9*10^{-3}	1.7*10^{-3}	20	3	1.3*10^{-3}

Tableau 3: Résultats des slug-test effectués

Les valeurs de transmissivité varient de 8.3*10^{-4} m^2/s à 3.9*10^{-3} m^2/s toutefois nous remarquons qu'au niveau du puits Robinson le rayon d'investigation trouvé nous semble assez grand pour un slug-test, et cela nous amène à penser que le slug utilisé n'est pas adapté pour un puits de ce diamètre. Les valeurs de perméabilité trouvées au niveau des piézomètres 2 et 4 semblent conformes aux valeurs des formations traversées par ces piézomètres à savoir des sables et graviers faiblement limoneux (voir en annexes3 et 4 des coupes lithologiques de ces piézomètres).

Ces valeurs de perméabilité confirment les conclusions de Müller et Christe (1990) sur la présence de terrain sablo-graveleux de perméabilité comprise entre 10^{-3}et 10^{-6} s'étendant en bordure du lac, l'allée du Bied et le bord de la piste de l'aérodrome. Nos essais ont été réalisés justement dans ces zones en bordure du lac de Neuchâtel et au bord de la piste de l'aérodrome.

2.3. ESSAI DE POMPAGE

2.3.1. THÉORIE

Un essai de pompage a pour principe de pomper un puits à un débit connu en mesurant le rabattement dans le puits et dans des piézomètres d'observation situés à des distances connues du puits pompé. L'interprétation des courbes de rabattement en fonction du temps à l'aide des modèles appropriés permet d'obtenir les caractéristiques hydrauliques de l'aquifère.
En début de pompage, on extrait une certaine quantité d'eau contenue dans le puits, par la suite l'eau en provenance de la nappe est extraite aussi, c'est pourquoi pour les puits de grand diamètre il faut tenir compte de l'effet de capacité du puits. Durant le pompage le débit d'eau en provenance de la nappe augmente graduellement jusqu'à être égal au débit du pompage.
Avant tout essai de pompage diverses informations géologiques et hydrauliques doivent être connues à savoir :
Les caractéristiques géologiques du sous-sol,
Le type d'aquifère, avec ses zones de recharge et de décharge, son épaisseur et son étendue,
L'existence de frontières imperméables ou à charge hydraulique constante,
Les variations des niveaux piézométriques dans l'aquifère à pomper,
Les données disponibles sur le puits à pomper.

La réalisation d'un essai nécessite également la mise en œuvre d'un dispositif de mesure, et de contrôle .Ainsi il faut des piézomètres d'observation situés à diverses distances pour suivre les rabattements. Le débit pompé doit être maintenu aussi constant que possible. Avant, pendant après l'essai de pompage les niveaux dans les piézomètres doivent être mesurés, les mesures doivent être relevées périodiquement avec des séquences pré-definies à l'avance, soit manuellement ou alors avec des systèmes automatisés d'acquisition.

Théoriquement un essai doit avoir une durée minimale de 72 heures pour la phase de pompage et la même durée pour l'observation de la remontée, à moins d'un retour au niveau initial dans un temps relativement court. Un autre point important est d'empêcher que l'eau pompée retourne dans la nappe, et pour cela il faut l'évacuer assez loin et vérifier ou empêcher toute infiltration dans la nappe testée.

L'interprétation des résultats d'un essai de pompage permet d'identifier le type d'aquifère, ses propriétés et ses frontières .Cette interprétation se fait en comparant les courbes de rabattement de l'aquifère pendant le pompage et la remontée avec les réponses de divers modèles théoriques pré-établis.

Interprétation des données

Les données de terrain de chaque essai de pompage sont analysées en reportant les valeurs des rabattements observés en fonction du temps correspondant sur du papier semi-logarithmique ou bi-logarithmiques. Ensuite on trace la courbe de descente qui s'ajuste le mieux à l'ensemble des points. En comparant la courbe obtenue avec des courbes de référence on arrive à déterminer le type d'aquifère et à choisir le modèle d'interprétation.

L'interprétation à l'aide d'un logiciel comme Matlab et sa boîte à outils Hytool permet de faire des approximations et de raffiner soit même les valeurs, pour mieux caler la courbe obtenue des valeurs du terrain au modèle.

Tout dabord il faut faire une première analyse en réalisant une courbe de diagnostic. La courbe de diagnostic est une représentation dans un système d'axes logarithmiques et/ou semi-logarithmiques du rabattement (s) et de sa dérivée en fonction du temps (t).

Cette représentation mèt en évidence certains traits, qui par comparaison avec des courbes-types permet d'identifier les comportements caractéristiques des conditions hydrogéologiques à savoir aquifère confiné ou libre, effet de limite ou de recharge.....etc.

Les observations résultant de l'analyse de la courbe de diagnostic, à savoir le comportement de l'asymptote aux temps longs, la pente de la droite que la courbe trace aux temps courts, la stabilisation ou non de la dérivée aux temps longs, et les comportements particuliers de la dérivée comme l'effet de limite ou de double porosité permettent de choisir le modèle à utiliser pour l'interprétation de l'essai de pompage.

Dans notre cas la courbe de diagnostic nous a permis de choisir comme solution d'interprétation Theis pour les 02 piézomètres d'observation dans un premier temps mais aussi Papadopoulos et Cooper à cause de l'effet de capacité du puits car le puits de Colombier a un diamètre non négligeable. Papadopoulos-Cooper (1967) a été également utilisé pour l'interprétation des données dans le puits de pompage.

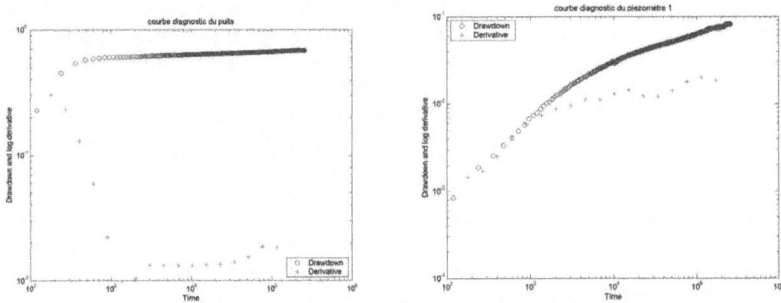

Figure 11:courbes de diagnostic du rabattement en fonction du temps dans le puits et un piézomètre d'observation.

2.3.2. SOLUTION ANALYTIQUE DE THEIS

Durant un essai de pompage les variations de rabattement sont fonction du temps et évoluent jusqu'à l'atteinte d'un régime permanent. La première analyse mathématique des effets d'un rabattement transitoire dans un aquifère confiné a été donnée par Theis en 1935. Elle est basée sur la loi de Darcy et donne la valeur du rabattement (s) au temps (t) et à la distance (r) du puits en fonction d'un débit (Q) connu.

$$s = \frac{Q}{4\pi T} W(u) \quad \text{(a)} \qquad \text{Avec} \qquad u = \frac{r^2}{4Tt}$$

$$w(u) = \int_u^\infty \frac{e^{-y}}{y} dy \approx -y - \ln(u) - \sum_{n=1}^\infty \frac{(-1)^n u^n}{n(n!)}$$ C'est la fonction de puits de Theis elle est approximée par une série infinie dont la solution est ;

$$y = \lim_{n\to\infty}\left(1 + \frac{1}{2} + \frac{1}{3} + \dots \frac{1}{n} - \ln n\right)$$

Et la solution de Theis devient :

$$s = \frac{Q}{4\pi T}\left[-0,5772 - \ln u + u - \frac{u^2}{2.2!} + \frac{u^3}{3.3!} - \frac{u^4}{4.4!} + \dots\right]$$

Avec :

Q = Débit de pompage (m^3/s)

S = Coefficient d'emmagasinement (sans dimension)

T = Transmissivité (m^2/s)

t = Temps depuis le début de pompage (s)

r = Distance radiale à partir du centre du puits

y = Constante d'Euler

La solution de Theis présente l'avantage de pouvoir calculer un rabattement transitoire en n'importe quel point de l'aquifère (si on connaît la transmissivité) ou de calculer la valeur de la transmissivité si l'on possède au moins un point d'observation dans l'aquifère. Cependant cette solution est valable sous les hypothèses suivantes :
La nappe est captive.
L'aquifère est homogène et isotrope, d'extension latérale infinie.
La transmissivité de la nappe est isotrope et constante dans le temps et dans l'espace.
L'écoulement suit la loi de Darcy.
Les variations des rabattements avec le temps sont non négligeables et le gradient hydraulique n'est pas constant.
Le débit d'extraction au puits est constant dans le temps.
Le puits a une pénétration totale dans la nappe.
Le diamètre du puits est infiniment petit.
Le fluide est homogène.
Il n'y a aucune autre source ni perte dans la nappe autre que le pompage dans le puits.
L'aquifère est compressible et l'eau est libérée instantanément avec la diminution de la charge au puits.

Résolution de l'équation de Theis

La méthode de Theis valable dès les premiers temps du pompage est très utile lorsque les mesures à long terme paraissent confuses ou même pas possible. La détermination des paramètres recherchés se fait de manière graphique par identification des valeurs expérimentales avec la fonction $W(u)$. Deux graphiques bi-logarithmiques sont requis, l'un pour la courbe standard $W(u)$, l'autre pour les mesures de rabattement s en fonction du temps ou l'inverse. Mais si l'on dispose de plusieurs piézomètres d'observation, on peut utiliser s/Q en fonction de t/r^2 pour les regrouper.

Pour plus de commodité, la courbe standard ou courbe expérimentale peut être réalisée sur papier transparent afin de faciliter sa superposition avec l'autre. La superposition doit se faire en maintenant les axes parallèles entre eux et en cherchant la meilleure coïncidence possible entre les deux courbes.
On prendra en ordonnées :

$$\ln(s) = \ln\left(\frac{Q}{4\pi T}\right) + \ln(W)$$

Et en abscisses :

$$\ln(u) = \ln\left(\frac{4T}{Sr^2}\right) + \ln(t)$$

Avec s qui peut se déduire de W par une translation verticale unique de $\log(Q/4\pi)$, et la série de points homologues s_i et W_i est alors superposée. De même t peut se déduire par translation horizontale unique également, la série des points homologues t_i et u_i étant aussi superposée.

Une fois la superposition des deux graphiques jugée satisfaisante, l'identification des paramètres s'effectue en prenant un point quelconque dans le plan, pas nécessairement sur une des deux courbes, et en exprimant les coordonnées de ce point dans les deux systèmes (Figure 12). Ceci nous permet d'obtenir les paramètres de transmissivité et d'emmagasinement à partir de l'équation (a).

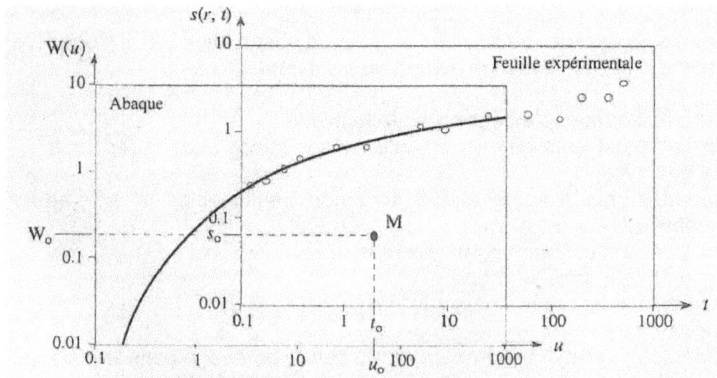

Figure 12: Exemple de superposition de deux graphiques bi-logarithmiques.

Pour cet exemple les coordonnées du point M sont les suivantes :

$$M(t_0, s_0) \quad \text{et} \quad M(u_0, W_0)$$

$$s_0 = \frac{Q}{4\pi T} W_0 \quad \text{et} \quad u_0 = \frac{4Tt_0}{Sr^2} \qquad \text{de là on peut aisément avoir les paramètres}$$

recherchés comme suit :

$$T = \frac{Q}{4\pi} \frac{W_0}{s_0} \quad \text{et} \quad S = \frac{4Tt_0}{r^2 u_0}$$

2.3.3. LA SOLUTION DE PAPADOPOULOS ET COOPER (1967)

Contrairement à la solution de Theis qui est applicable pour un puits de faible diamètre, Papadopoulos et Cooper (1967) proposent une méthode d'interprétation qui tient compte de l'eau emmagasinée dans le puits (Figure 13,Figure 14) , car on est parfois contraint d'utiliser un puits déjà existant comme dans notre cas. Les hypothèses et conditions sont les mêmes que celles de Theis sauf le diamètre du puits qui est non-négligeable, et en plus les pertes de charges du puits sont négligeables et l'écoulement vers le puits est en régime transitoire.

L'équation générale d'écoulement dans un grand puits est donnée par la relation :

$$s_w = \frac{Q}{4\prod T} f\left(\frac{Tt}{r^2_w s}, \alpha\right) \qquad \alpha = \frac{r^2_w}{r^2_c} s = \frac{1}{2c_D}$$

$$u = \frac{r^2_w}{4Tt} s$$

$$f(\mu, \alpha) = \frac{32\alpha^2}{\prod^2} \int_0^\infty \frac{1 - \exp\left(-\frac{\beta^2}{4u_p}\right)}{\beta^3 \Delta(\beta)} \partial\beta$$

$$\Delta(\beta) = [\beta j_0(\beta) - 2\alpha j_1(\beta)]^2 + [\beta y_0(\beta) - 2\alpha y_1(\beta)]^2$$

$j_n(x)$ est une fonction de Bessel de première espèce et d'ordre n ;

$y_n(x)$ est une fonction de Bessel de deuxième espèce et d'ordre n.

La famille de courbes types établies en coordonnées logarithmiques de $f(u, \alpha)$ en fonction de u (Figure 15) permet de déterminer la transmissivité. La procédure est la même que celle utilisée pour la méthode graphique de Theis, sauf qu'avec ce cas on dispose de plusieurs courbes en fonction de α. La détermination du coefficient d'emmagasinement par cette méthode n'est pas assez fiable à cause de sa grande sensibilité par rapport à α (Banton olivier et al 1997).

Cette solution de Papadopoulos et Cooper (1967) qui tient compte de la contribution de l'eau contenue dans le puits lors du pompage permet aussi de aussi de calculer le rabattement dans un point d'observation situé à une distance (r) de ce puits, en fonction du rayon du puits de pompage (r_w) et du rayon de la partie non crepinée (r_c). L'intensité de l'effet de capacité est fonction de la valeur du coefficient de capacité du puits (c_D)

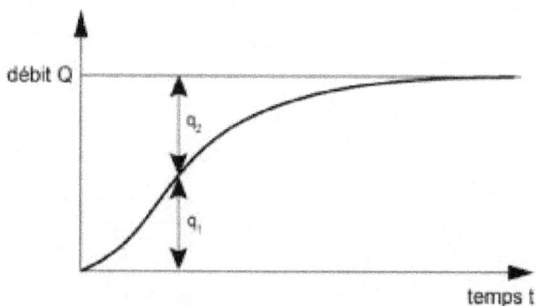

Figure 13: Contribution de q1 et q2 au débit total au cours du temps (d'après Renard 2005).

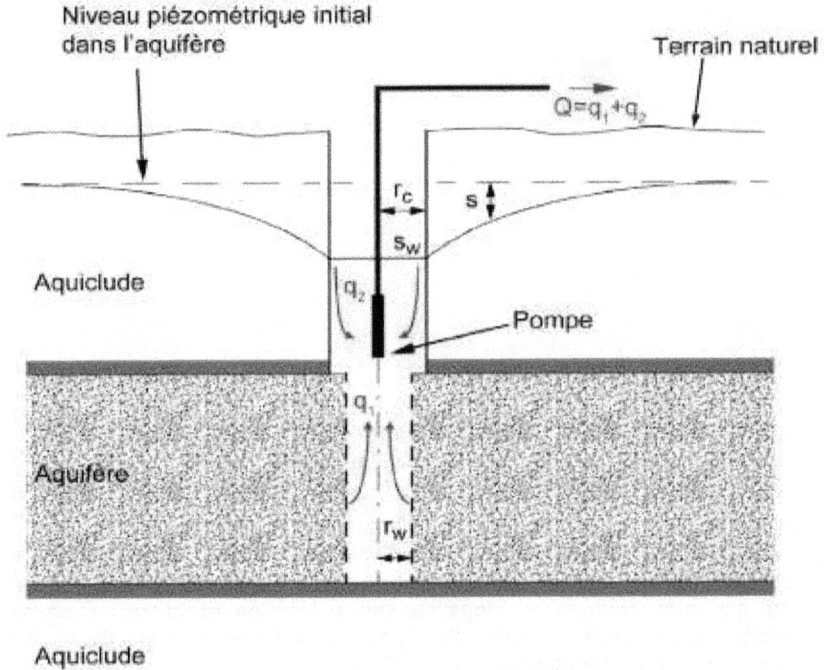

Figure 14: Effet capacitif du puits (d'après Renard, 2005).

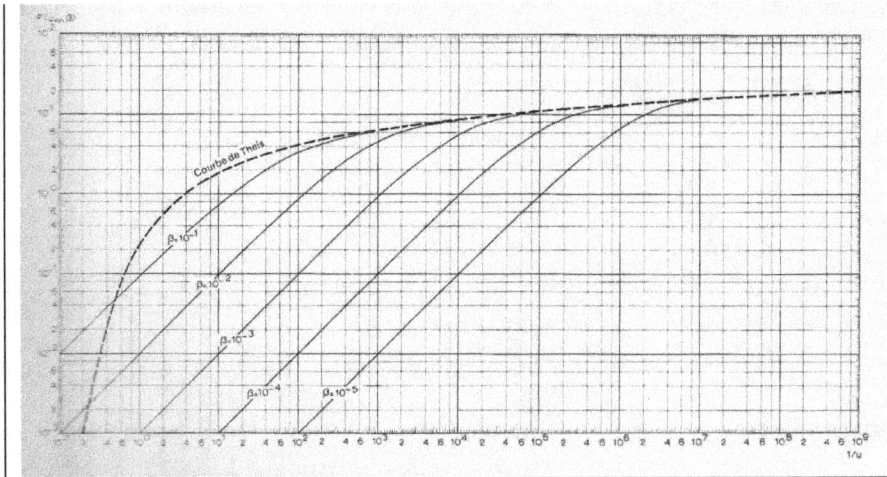

Figure 15: Famille de courbes types de Papadopoulos-Cooper, f (uw,) fonction de 1/u pour différentes valeurs de   d'après G P Kruseman et N A de Rider (2000).

2.3.4. DESCRIPTION DE L'ESSAI DE POMPAGE

L'essai de pompage s'est déroulé durant 72 heures, du 25 au 28 mai 2007, après l'échec du précédent essai réalisé en novembre 2006 dû à des problèmes techniques. Au préalable il a fallu réaliser les piézomètres d'observation (PA et PB) pour le bon suivi de l'essai et prévoir un exutoire pour l'évacuation de l'eau pompée. Les mesures des rabattements ont été effectuées à l'aide de sonde STS. Au début, lorsque le rabattement est rapide, ces mesures sont faites à des intervalles de temps réguliers et brefs, et au fur et à mesure que le temps passe et que le rabattement est plus lent, ces mesures sont espacées. Le Tableau 4 résume l'accroissement des temps de mesure des rabattements.

Durée de pompage	0 – 15 min	15 - 45 min	45 – 120 min	120 – 240 min	240 – 480 min	480 – 1080 min	1080- 2880 min	2880 – 4320 min
T entre chaque mesure	30 sec	1 min	5 min	15 min	30 min	60 h	120 min	180 min

Tableau 4:Evolution de l'intervalle de temps entre 2 mesures de rabattements.

Notons que Les sondes STS ont été enclenchées dès le 21 mai pour mesurer les variations naturelles de la nappe avant et après l'essai.

Le puits de pompage

L'ancien captage de Colombier Figure 16 où s'est déroulé l'essai de pompage a été construit en 1952 et a fonctionné de 1953 à 1997. Mais à partir de 1993, suite à des venues de sable et limons de plus en plus perceptible dans l'eau pompée, il a été décidé la construction d'un nouveau puits intercommunal qui a pris le relais de l'approvisionnement des communes de Colombier et Boudry. Ce captage est équipé de deux pompes débitant chacune 600 l/mn théoriquement, mais durant le fonctionnement de ce captage les deux pompes ne fonctionnaient pas simultanément. Le puits a un diamètre de 1.50 m, pour une profondeur de 19.13 m. Les crépines sont installées à partir de 13 m de profondeur et elles sont entourées d'un gravier filtrant.

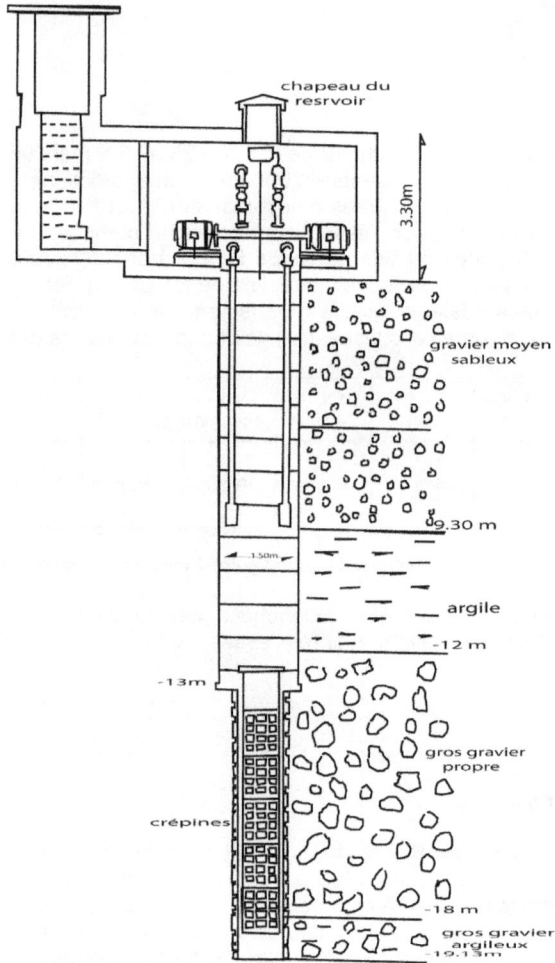

station de pompage de Colombier

Figure 16: Puits communal de Colombier.

Refoulement de l'eau pompée

Pour les besoins de notre test nous n'avons utilisé qu'une seule pompe avec un débit stabilisé à 600 l/mn, car l'utilisation de la seconde pompe provoquait régulièrement l'arrêt du pompage. De même durant le fonctionnement de ce captage pour l'approvisionnement en eau potable, une seule pompe était nécessaire l'autre étant enclenché en cas de gros besoins .Le débit du pompage était contrôlé par un débitmètre Photo 3. L'eau pompée était évacuée à 150 m du captage à l'aide de tuyaux dans une conduite d'évacuation jusqu'au lac.

Photo 3: Débitmètre.

2.3.5. TRAITEMENT DES DONNEES

Les données ont été traitées avec les logiciels Excel, Matlab 6.5 et sa boîte à outils Hytool (Renard, 2005).Différentes fonctions sont déjà programmées pour chaque solution analytique, ths pour Theis, pca Papadopoulos et Cooper pour l'aquifère, pcw pour Papadopoulos et Cooper pour le puits.
 Ces fonctions nous donnent des modèles qui sont analysés et nous permettent d'avoir les paramètres recherchés. Cependant nous observons que certains paramètres recherchés nous paraissent erronés en l'occurrence le coefficient d'emmagasinement (s) de la nappe.
Ce résultat est observable sur tous nos modèles que nous avons réalisés. Dans le modèle du puits il est trop petit pour ce type de milieux

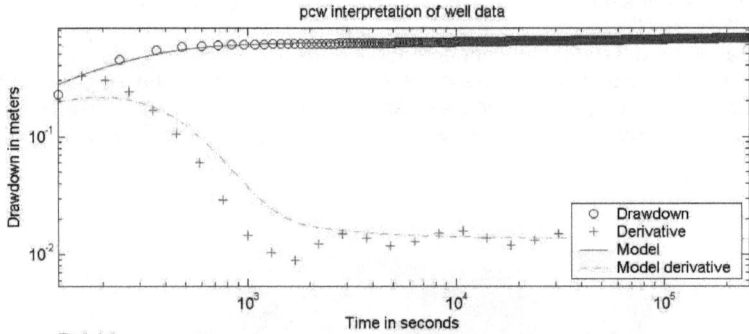

pcw interpretation of well data

Test data:
Discharge rate: 1.00e-002 m³/s
Well radius: 0.4 m
Casing radius: 0.63 m

Hydraulic parameters:
Transmissivity T: 5.9e-002 m²/s
Storativity S: 1.9e-017

Papadopulos-Cooper (1967) Model
Fitting parameters:
slope a: 0.031 m
intercept t0: 2.3e-017 s
$C_D \exp(2s)$: 1.7e+017

mean residual: -0.0059 m
2 standard deviation: 0.0062 m

HYTOOL v I

Figure 17: Modèle de Papadopoulos-Cooper pour le puits de pompage.

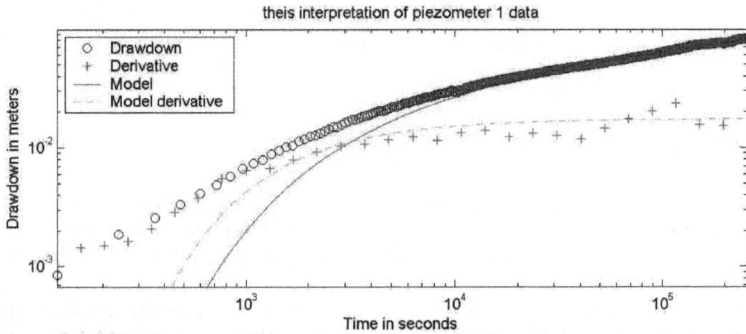

theis interpretation of piezometer 1 data

Test data:
Discharge rate: 1.00e-002 m³/s
Radial distance: 4 m

Hydraulic parameters:
Transmissivity T: 4.6e-002 m²/s
Storativity S: 1.6e+001
Radius of Investigation Ri: 54 m

Theis (1935) Model

Fitting parameters:
slope a: 0.04 m
intercept t0: 2.5e+003 s
mean residual: 0.00029 m
2 standard deviation: 0.0033 m

HYTOOL v I

Figure

18: Modèle de Theis pour le piézomètre d'observation PA situé à 4m du puits.

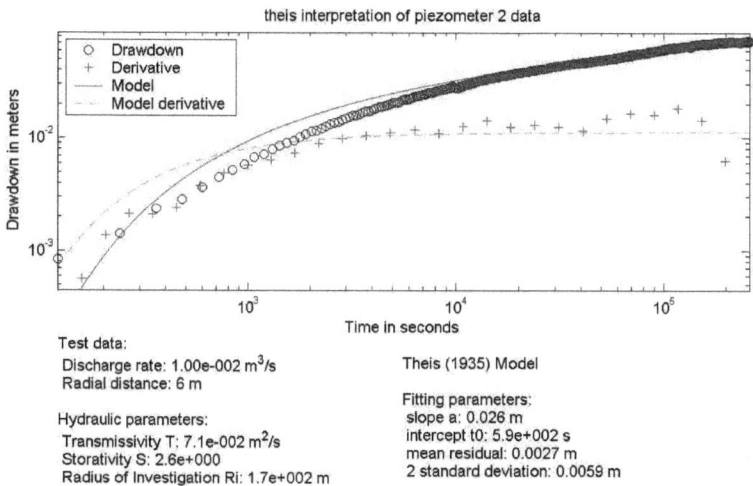

theis interpretation of piezometer 2 data

Test data:
Discharge rate: 1.00e-002 m³/s
Radial distance: 6 m

Hydraulic parameters:
Transmissivity T: 7.1e-002 m²/s
Storativity S: 2.6e+000
Radius of Investigation Ri: 1.7e+002 m

Theis (1935) Model

Fitting parameters:
slope a: 0.026 m
intercept t0: 5.9e+002 s
mean residual: 0.0027 m
2 standard deviation: 0.0059 m

HYTOOL v I

Figure 19: Modèle de Theis pour le piézomètre PB situé à 6m du puits.

Le modèle de Papadopoulos-Cooper appliqué au puits de pompage (Figure 17) nous montre un ajustement parfait mais malheureusement la valeur d'emmagasinement obtenu est difficile à justifier et nous amène à croire qu'il y aurait un autre effet en dehors du diamètre du puits qui influence ce modèle .même l'ajustement manuel ne nous apporte pas satisfaction.

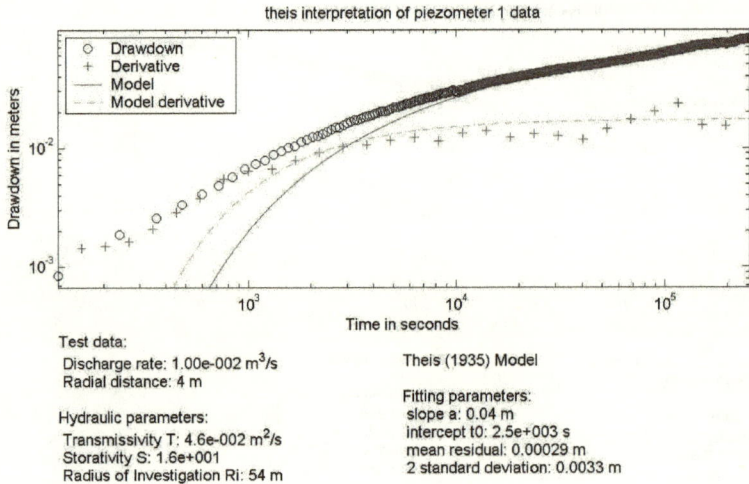

theis interpretation of piezometer 1 data

Test data:
Discharge rate: 1.00e-002 m³/s
Radial distance: 4 m

Hydraulic parameters:
Transmissivity T: 4.6e-002 m²/s
Storativity S: 1.6e+001
Radius of Investigation Ri: 54 m

Theis (1935) Model

Fitting parameters:
slope a: 0.04 m
intercept t0: 2.5e+003 s
mean residual: 0.00029 m
2 standard deviation: 0.0033 m

HYTOOL v I

Figur

e 18, Figure 19) ne sont pas bien ajustés surtout aux temps courts, mais sur les temps longs ils s'ajustent correctement. Mais visiblement ce modèle ne doit pas être adapté à notre problème, raison pour laquelle nous avons à d'autres modèles qui tiennent compte de l'effet de capacité du puits, en espérant nous affranchir des perturbations du début de pompage.

Le début de ces deux derniers modèles nous montre un certain décalage entre les courbes qui ne s'ajustent pas bien, et c'est à partir de 10 000 secondes que les courbes s'ajustent correctement avec le modèle de la solution de Theis. La valeur du coefficient d'emmagasinement n'est pas également ce à quoi on s'attendrait pour un milieu poreux dans lequel s'effectue cet essai de pompage, c'est pourquoi nous avons recours à d'autres modèles.

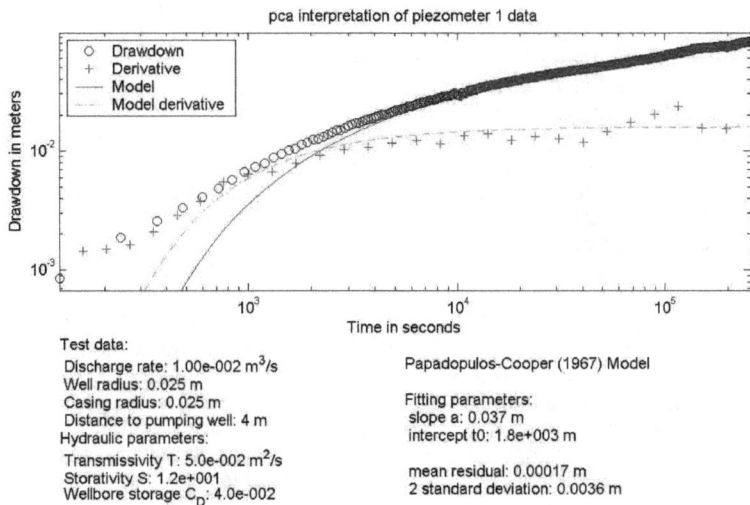

pca interpretation of piezometer 1 data

Test data:

Discharge rate: 1.00e-002 m³/s
Well radius: 0.025 m
Casing radius: 0.025 m
Distance to pumping well: 4 m
Hydraulic parameters:
Transmissivity T: 5.0e-002 m²/s
Storativity S: 1.2e+001
Wellbore storage C_D: 4.0e-002

Papadopoulos-Cooper (1967) Model

Fitting parameters:
slope a: 0.037 m
intercept t0: 1.8e+003 m

mean residual: 0.00017 m
2 standard deviation: 0.0036 m

HYTOOL v I

Figure 20: Modèle d'interprétation de Papadopoulos-Cooper pour le piézomètre PA

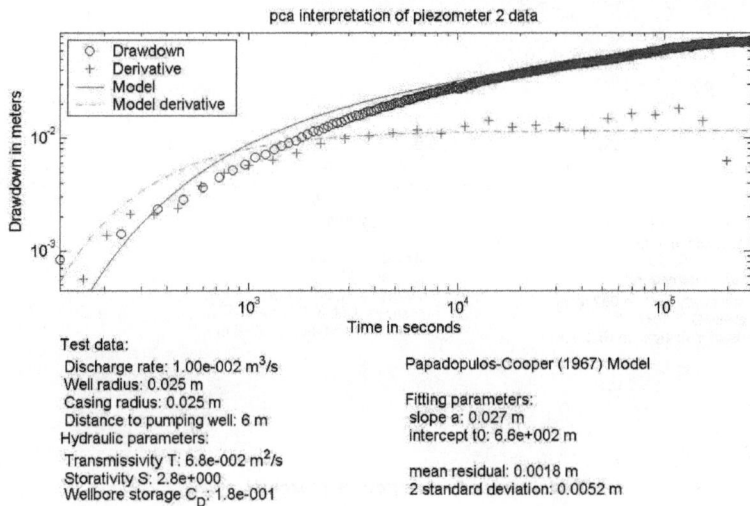

pca interpretation of piezometer 2 data

Test data:

Discharge rate: 1.00e-002 m³/s
Well radius: 0.025 m
Casing radius: 0.025 m
Distance to pumping well: 6 m
Hydraulic parameters:
Transmissivity T: 6.8e-002 m²/s
Storativity S: 2.8e+000
Wellbore storage C_D: 1.8e-001

Papadopoulos-Cooper (1967) Model

Fitting parameters:
slope a: 0.027 m
intercept t0: 6.6e+002 m

mean residual: 0.0018 m
2 standard deviation: 0.0052 m

HYTOOL v I

Figure 21: Modèle de Papadopoulos-Cooper pour le piézomètre PB.

33

Jusque là nous n'arrivons pas à nous affranchir de ce problème aux temps courts ,et l'emmagasinement obtenu pour ce nouveau modèle est du même ordre que celui obtenu avec le modèle de Theis, ceci nous montre que ce n'est pas en fait un problème de modèle incorrect mais plutôt un facteur qui doit bien influencer le début de nos courbes.
 Nous essayons d'ajuster les courbes de remontée (figure 22) afin de nous affranchir des perturbations du début de pompage. Mais même jusque là nous n'arrivons pas à faire changer cette valeur erronée d'emmagasinement, le comportement de tous ces modèle pour les piézomètres aux temps courts reste le même.
Nous essayons une autre démarche d'ajustement car sur tous ces modèles qui précèdent c'est aux temps courts qu'il se pose un problème, mais même en essayant juste de modéliser uniquement les données pour un temps supérieur à   10 000 secondes, nous obtenons toujours le même résultat mais paradoxalement avec une transmissivité du même ordre.
Cette démarche est justifiée par le fait que c'est l'ajustement aux temps courts qui contraint la pente aux temps longs, et donc sa dérivée. C'est de cette dérivée que sont extraites les valeurs de transmissivité et d'emmagasinement, mais cette démarche est sans succès. Nous remarquons que différentes combinaisons de valeurs peuvent conduire à un bon ajustement, mais une parfaite connaissance du milieu dans lequel s'effectue le test est important car nous faisons face à un facteur qui perturbent nos résultats et qui peut être expliqué par la position de nos piézomètres d'observation.

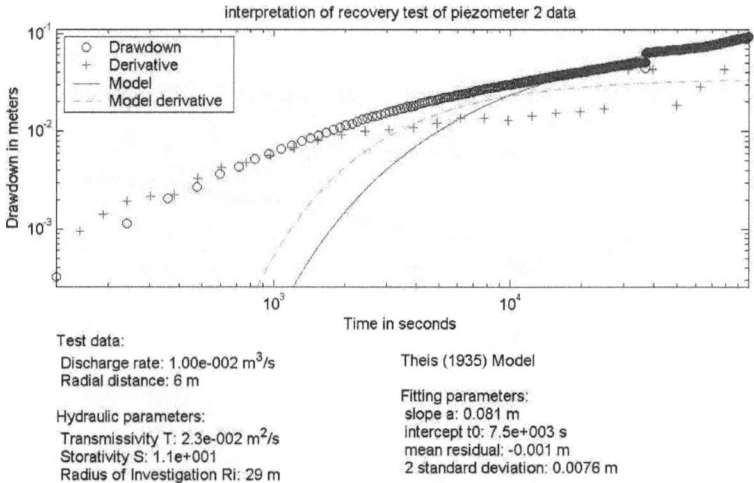

interpretation of recovery test of piezometer 2 data

Test data:
Discharge rate: 1.00e-002 m^3/s
Radial distance: 6 m

Hydraulic parameters:
Transmissivity T: 2.3e-002 m^2/s
Storativity S: 1.1e+001
Radius of Investigation Ri: 29 m

Theis (1935) Model

Fitting parameters:
slope a: 0.081 m
intercept t0: 7.5e+003 s
mean residual: -0.001 m
2 standard deviation: 0.0076 m

HYTOOL v I

Figure
22: Modèle de remontée pour le piézomètre PB.

Résultats et interprétation

Cet essai de pompage nous a permis d'avoir des valeurs de transmissivité assez correctes pour ce type d'aquifère poreux mais les valeurs d'emmagasinement obtenues ne sont pas satisfaisantes malgré l'application de certaines autres solutions. Les valeurs de transmissivité sont du même ordre de grandeur et varient de $4,6.10^{-2}$ à $7,1.10^{-2}$. En considérant l'épaisseur de l'aquifère à environ 30 m nous pouvons estimer la conductivité hydraulique $(k = T/e)$ dans le puits et les piézomètres et ceci est résumé dans le tableau suivant.

piézomètres	Transmissivité (m^2/s)	Conductivité (m/s)	Emmagasinement (modèle Papadopoulos-Cooper)	emmagasinement modèle de Theis
Puits de Colombier	$5,9.10^{-2}$	$1,96.10^{-3}$	$1,9.10^{-17}$	
Piézomètre PA (situé à 4m)	$4,6.10^{-2}$	$1,53.10^{-3}$	$1,2.10^{1}$	$1,6.10^{1}$
Piézomètre PB (situé à 6m)	$7,1.10^{-2}$	$2,36.10^{-3}$	$2,8$	$2,6$

Tableau 5: Résultat de l'essai de pompage.

Ces valeurs de transmissivité et de conductivité nous montrent une certaine homogénéité au voisinage direct du puits car ces valeurs sont de même ordre, mais toutefois ce sont des valeurs qui ne peuvent pas totalement refléter la réalité de tout l'aquifère, car les mesures de niveau effectués pendant le pompage dans le puits du Chyn situé à 40 m environ n'a pas montré une certaine réaction à cette distance. Ces valeurs de conductivité sont représentatives des formations rencontrées (gravier sableux)

Le coefficient d'emmagasinement que nous avons trouvé n'est pas cohérent car il ne se situe pas dans la gamme des valeurs observée pour une nappe captive (généralement compris entre 10^{-4} et 10^{-3}).
La détermination de ce coefficient d'emmagasinement a posé beaucoup de problèmes et nous a amené à considérer certains aspects qui perturbent cette détermination. L'examen de la lithologie des piézomètres d'observation nous montre que ceux-ci ne sont pas complets, ils ne traversent pas l'aquifère dans toute sa profondeur et ils se limitent à une profondeur de 8,35 mètres alors que le puits fait 19,13 mètres.
De plus il existe une couche sablo-limoneuse avec un peu d'argile entre 9,30 et 12 mètres de profondeur (voir annexe 8), et cette couche n'a pas été atteinte par les piézomètres d'observation, et nous supposons que ce détail peut avoir son importance même si cette couche est locale, car ceci peut supposer que nous avons pompé dans un aquifère et mesuré dans un autre et qu'il y ait des connections entre les deux. Cette hypothèse peut également nous expliquer les faibles rabattements dans ces piézomètres pourtant très proches du puits de pompage.

2.4. ESSAIS DE TRAÇAGE

2.4.1. MISE EN OEUVRE

Un test de traçage consiste à observer l'évolution spatiale et temporelle d'un traceur au sein d'un aquifère. Ce traceur peut être naturellement présent dans l'eau de la nappe où être artificiellement introduit dans le milieu. La finalité d'un essai traçage est l'identification de la direction d'un écoulement, la détermination de la vitesse moyenne de pore (fournissant la porosité cinématique), et la variabilité autour de cet écoulement moyen (caractérisant la dispersion).

Le but de notre essai de traçage est d'améliorer les connaissances de l'aquifère en déterminant les vitesses de transit au voisinage immédiat de l'ancien captage de Colombier.

Lors de notre premier essai de pompage du 24 au 27 novembre 2006, il a été réalisé 24 heures après le début du pompage une injection d'uranine et de sulforhodamine B dans les piézomètres d'observation afin d'observer les réactions dans conditions d'exploitation du puits et d'estimer le pouvoir d'absorption du terrain.

Pour déterminer la restitution des traceurs, nous avons placé un fluorimètre dans le puits de pompage et un échantillonneur automatique au point d'évacuation des eaux pompées (photos 7 annexe).

L'uranine : 150 grammes de ce traceur dilué dans 20 litres d'eau ont été utilisé. C'est le traceur fluorescent le plus utilisé, en raison de son faible coût, de sa grande sensibilité à la détection, et de sa faible tendance à l'absorption.

Cette solution a été injectée à 06 mètres du puits de pompage dans le piézomètre PB. Afin que le traceur puisse atteindre la partie crepinée et ne reste pas piégé sur les bords du piézomètre, nous l'avons injecté avec une pompe.

La sulforhodamine B :

Comme ce traceur présente une forte adsorption ,150 grammes dilués dans 20 litres ont été injecté dans le piézomètre PA à 4 mètres du puits de pompage. C'est un traceur recommandé pour de faibles distances dans les aquifères poreux. Mais malgré cette faible distance et le pompage effectué au puits nous n'avons pas détecté ce traceur dans le puits de pompage. L'explication possible de cette absence est l'adsorption complète du traceur par le terrain, ou tout simplement la présence de l'uranine a masqué la détection de la sulforhodamine.

2.4.2. RESULTATS ET INTERPRETATIONS

L'uranine injecté le 25 novembre à 11 heures 24 est apparu pour la première fois dans le puits de pompage le 29 novembre à 19 heures 33, c'est à dire 88 heures après l'injection, avec une concentration de 0.006 ppb ou µg/l. Le pic fût atteint le 11 Décembre 2006 à 18 heures 12 avec une concentration de 4.69 ppb ou µg/l (17 jours après, soit 401 heures après l'injection) (Fig18).

Ceci correspond à une vitesse de transit linéaire pour la première apparition de l'uranine de 0.07 m/h soit 1.68 m/j. Le pic nous donne une vitesse dominante de 0.01m/h soit 0.24m/j.

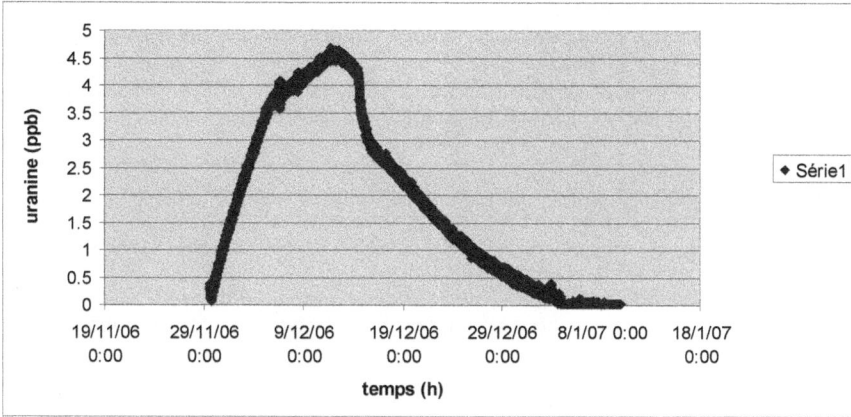

Figure 23 :Courbe de restitution de l'uranine.

Le suivi automatique du débit grâce à un débitmètre (photo3) installé dans notre dispositif d'évacuation des eaux pompées nous a permis de calculer le taux de restitution de l'uranine avec la formule suivante :

$$R= \int_{t=0}^{\infty} QCdt$$

R : masse de restitution (kg)
Q : débit (l/s)
C : concentration du traceur (kg/l)
dt : temps entre 02 mesures (s)

Il est apparu environ 39.29 grammes d'uranine au puits de pompage soit 26,19% d'uranine restitué, le reste étant probablement resté dans le milieu.

3. SYNTHESE ET PERSPECTIVES

Ce travail avait pour but de déterminer les caractéristiques hydrauliques de l'aquifère de la plaine d'Areuse dans un premier temps, mais aussi d'estimer la vitesse effective d'écoulement de l'eau souterraine aux abords immédiats du puits de Colombier pendant son fonctionnement.
 L essai de coloration réalisé parallèlement à l'essai de pompage nous a fourni des temps de première détection estimés à 88 heures (soit un peu plus de 3 jours) pour le traceur uranine injecté à 6 mètres du puits de pompage, avec un taux de restitution d'environ 26,19%.Une bonne partie du traceur est restée dans le milieu, et le pic a été atteint 17 jours plus tard. Ce taux de restitution au forage et ces observations démontrent encore l'hétérogénéité du terrain qui a dispersé le nuage de traceur. Le second traceur quant à lui

n'a pas été détecté, bien qu'il ait été injecté à 4m du puits de pompage, soit il a été totalement absorbé par le milieu ou alors masqué par le second traceur.

Ce faible temps de transit tout autour de ce puits (0,07m/h) dénote de l'existence des couches ayant un effet protecteur filtrant suffisant pour la nappe autour de ce puits de Colombier. Pour ce premier objectif nous sommes satisfaits des résultats obtenus qui nous renseignent sur la bonne protection de ce puits.

Les slug-tests réalisés dans 02 piézomètres qui bordent la piste de l'aérodrome ainsi que dans le puits Robinson ont révélés des valeurs cohérentes de transmissivité variant entre $8,3.10^{-4}$ et $3,9.10^{-3}m^2/s$, des valeurs d'emmagasinement allant de $1,7.10^{-3}$ à $3,3.10^{-2}$.quant aux perméabilités elles vont de $1,13.10^{-3}$à $1,3.10^{-2}$ m/s. Toutes ces valeurs reflètent le milieu dans lequel ces essais ont été réalisés

Concernant l'essai de pompage nous l'avons réalisé avec un débit de 600 l/mn alors que nous aurions souhaité avoir le double pour ce travail et cela aurait représenté le débit d'exploitation maximum pour ce puits. Toutefois les données acquises lors de cet essai nous ont fournis des courbes que nous avons pu interpréter avec les fonctions disponibles dans Hytool, ceci nous a donné des paramètres recherchés mais pas dans la totalité, car malgré la préparation minutieuse de cet essai il y a eu des contraintes et des aléas qui ne nous ont pas permis d'avoir toute l'emprise sur la récolte des données sur le terrain.

Les valeurs de transmissivité obtenues après l'analyse des données varient entre $4,6.10^{-2}$ à $7,1.10^{-2}$ m^2/s, et la conductivité entre $1,53.10^{-3}$ et $2.36.10^{-3}$ m/s ces valeurs sont conformes à celles escomptées et reflètent le type d'aquifère étudié.

Ce travail nous aura permis de nous rendre compte que la réalisation d'un essai de pompage est une activité soumise à une multitude de variables et d'inconnues. Depuis la collecte des données sur le terrain jusqu'à l'interprétation il est judicieux de mener toutes ces opérations avec beaucoup de minutie.

Tout dabord une étude du milieu est nécessaire, ensuite pendant l'essai le contrôle de tous les paramètres à savoir débits, niveaux, et variations naturelles de la nappe permet d'avoir des solutions appropriées qui donnent des résultats escomptés. La comparaison de nos résultats d'essai de traçage avec ceux de Steeb (1988) nous montre une différence d'un facteur 10 ce qui nous renforce dans notre idée selon laquelle la couche argilo-limoneuse localisée entre 9 et 12 individualise des poches d'aquifère et les données obtenues durant notre essai de pompage devrait être traitées avec un modèle de deux aquifères ,et cela n'a pas été possible avec les fonctions disponibles actuellement sur Hytool afin d'avoir des données correctes d'emmagasinement.

BIBLIOGRAPHIE

Axelrod A. (1978) : Contribution à l'étude géophysique de la région des lacs de Neuchâtel Bienne et Morat. Thèse Univ. Lausanne, 93p.

Burger A. (1959) : Hydrogéologie du bassin de l'Areuse, Bull. Soc .Neuchâteloise de géographie, 293p .

Banton O., Lumony Bangoy M.1997. Hydrogéologie. Presses de l'Université du Québec 460 p.

Bredehoeft et Papadopoulos (1980).

Castany G (1982): Principe et méthodes de l'hydrogéologie, Bordas Paris.

Cooper H. H.J., J .D. Bredehoeft. , I.S .Papadopoulos (1967): Response of a finite-diameter well to an instantaneous charge of water resources research 3 (1), 263-269.

Denchyk N (2001) : Etude hydrochimique et géophysique de la nappe phréatique de la plaine de l'Areuse.33p.

Kettiger C. (1982) : Contribution à l'étude de la nappe phréatique du delta de l'Areuse-travail de diplôme inédit, Centre d'Hydrogéologie, Univ.de Neuchâtel.

Kruseman G P et N.A.de Rider (2000): Analysis and evolution of pumping test data.ILRI publication vol 47,377p.

Mbiakop R et Randriamananjara (1997):Etude géophysique et hydrochimique de la nappe phréatique du delta de l'Areuse. Travail de diplôme inédit, Centre d'Hydrogéologie, Univ de Neuchâtel.

Mdaghri A. (1990): Hydrogéologie de la plaine de l'Areuse-cartographie de la qualité de l'eau et étude de son évolution spatio-temporelle-travail de diplôme inédit, Centre d'Hydrogéologie, Univ de Neuchâtel.

Mdaghri A. (1993) : Synthèse des résultats des campagnes géophysiques VLF-R en vue de la détermination des périmètres de protection dans le delta de l'Areuse-Rapport inédit, Centre d'Hydrogéologie, Univ, de Neuchâtel

Müller I et Christe R (1990) : Prospection géophysique électromagnétique VLF-R (12-240 kHz) région de la plaine d'Areuse (NE), rapport interne du CHYN, 6p

Ngaide I (2007): Etude hydrogéologique et géophysique de la plaine de l'Areuse, travail de diplôme 53p.

Papadopoulos I., H H J Cooper (1967): Drawdown in a well of large diameter .water resources research 3(1), 241-244.

Papadopoulos I S.,, J D Bredehoeft and H H Cooper (1973): Analysis of slug test data . Water resources research 9(4), 1087-1089.

Renard, P (2005): Quantitative analysis of groundwater field experiments 203p.

Steeb, C. (1988):.Zones de protection de la station de pompage à Colombier. Centre d'Hydrogéologie, Univ de Neuchâtel.

Theis, C, V. (1935): The relation between the lowering of the piezometric surface and the rate and duration of discharge of well using groundwater storage. Trans. Amer .Geophys. Union 2, 519-524.

Traore A. (2007):Etude hydrochimique et microbiologique de la plaine de l'Areuse, travail de diplôme, 74p.

MoreBooks!
publishing

mb!

Oui, je veux morebooks!

i want morebooks!

Buy your books fast and straightforward online - at one of world's fastest growing online book stores! Environmentally sound due to Print-on-Demand technologies.

Buy your books online at

www.get-morebooks.com

Achetez vos livres en ligne, vite et bien, sur l'une des librairies en ligne les plus performantes au monde!
En protégeant nos ressources et notre environnement grâce à l'impression à la demande.

La librairie en ligne pour acheter plus vite

www.morebooks.fr

VSG

VDM Verlagsservicegesellschaft mbH
Heinrich-Böcking-Str. 6-8   Telefon: +49 681 3720 174   info@vdm-vsg.de
D - 66121 Saarbrücken   Telefax: +49 681 3720 1749   www.vdm-vsg.de

www.ingramcontent.com/pod-product-compliance
Lightning Source LLC
Chambersburg PA
CBHW021611210326
41599CB00010B/703